DU PROGRÈS DANS L'AGRICULTURE

PAR

LE DRAINAGE PERFECTIONNÉ

L'Irrigation, le Dessèchement des Marais

ET L'ÉCOBUAGE

SUIVIS DES CAUSES DE QUELQUES MALADIES

DES VÉGÉTAUX ET DES ANIMAUX HERBIVORES

PAR

P. ALLIOT

Ancien Agent-voyer de première classe

Ingénieur civil.

CAEN

IMPRIMERIE DE VEUVE PAGNY

Rue Froide, 17.

1861

DU PROGRÈS DANS L'AGRICULTURE

PAR

LE DRAINAGE PERFECTIONNÉ

l'irrigation, le desséchement des marais

ET [illegible]

[illegible]

DES VÉGÉTAUX ET DES ANIMAUX HERBIVORES

PAR

P. ALLIOT

[illegible]

ingénieur civil

CAEN

[illegible]

Rue [illegible]

[illegible]

LE DRAINAGE

LE DESSÈCHEMENT DES MARAIS

L'ESCOBUAGE ET L'IRRIGATION

CONSIDÉRÉS COMME BASES

DE L'AGRICULTURE PERFECTIONNÉE

SUIVIS

DE QUELQUES-UNES DES CAUSES DES MALADIES

DES VÉGÉTAUX ET DES ANIMAUX

Par P. ALLIOT

Ingénieur civil.

CAEN

IMPRIMERIE DE VEUVE PAGNY

Rue Froide, 27

—

1861

Figure 2.

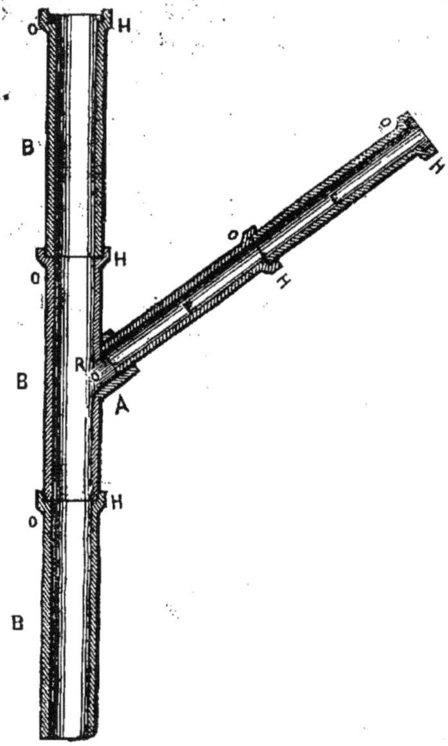

O H B H O B R O A H O B O H O H

Figure 1.

B B E A E F D C A F B B

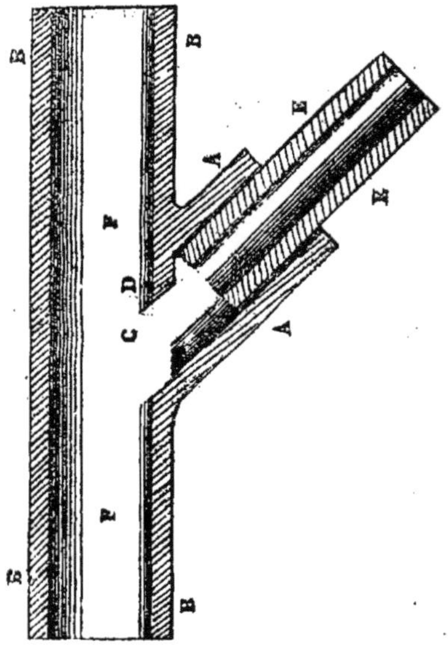

Figure 3.

A A E D

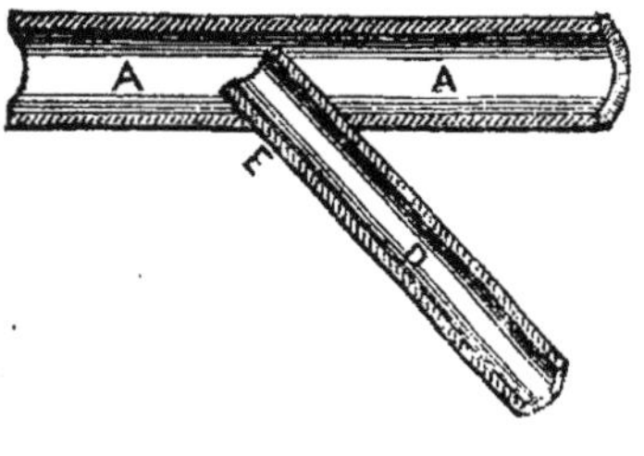

Figure 4.

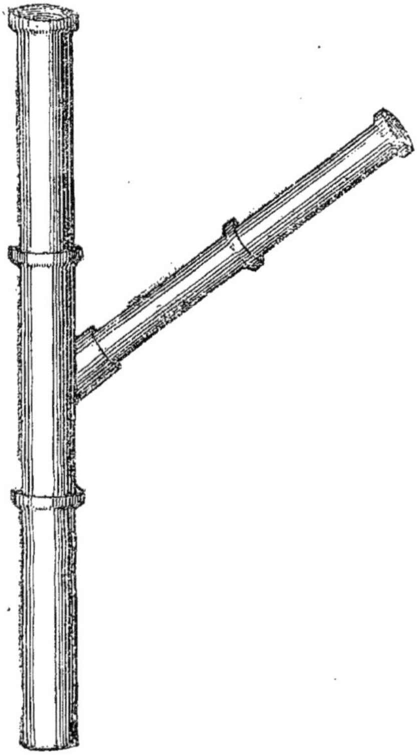

Figure 5.

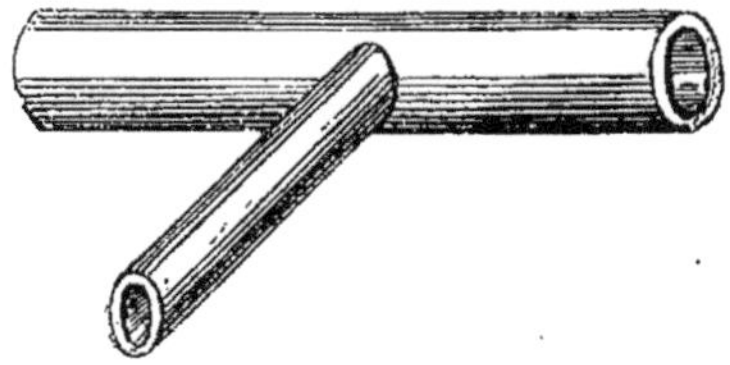

Figure 6.

LE DRAINAGE

Le Dessèchement des Marais, l'Ecobuage et l'Irrigation

CONSIDÉRÉS COMME

BASES DE L'AGRICULTURE PERFECTIONNÉE

Ce titre, en posant le Drainage, le dessèchement des marais, l'écobuage et l'irrigation comme les bases de l'agriculture perfectionnée, pourrait sembler *présomptueux*, si d'ailleurs des agronomes distingués n'avaient constaté officiellement les résultats heureux de ces différents travaux, et si le cultivateur lui-même n'avait déjà ressenti leur efficacité.

Ces différents travaux combinés ensemble ou pratiqués isolément, augmentent toujours, et bien au-delà de la dépense qu'ils occasionnent, le revenu des terres qu'on y soumet.

Si, dans ce cas, on emploie les engrais à dose ordinaire, on peut obtenir un revenu *net* double.

La science agronomique a, par les moyens qui lui sont propres, parfaitement apprécié ces résultats, son témoignage éclairé et exempt d'erreur justifie donc ce titre et le disculpe de toute idée de *présomption*.

L'État, d'où émane toutes les lumières, encourage vivement l'exécution de ces utiles travaux; des concours généraux, nationaux et régionaux, des récompenses honorifiques et indemnitaires dispendieuses composent un article important de son budget.

En Angleterre et en Belgique, des associations de propriétaires et de cultivateurs notables s'organisent en ce moment pour propager l'extension du drainage et du dessèchement des terrains mouillés.

Ces agriculteurs par excellence ont, depuis longtemps déjà, recueilli le bénéfice toujours certain de ces travaux, *quand toutefois ils ont été bien exécutés*, car là, comme ailleurs, quelques drainages ont été faits sans avoir préalablement étudié les moyens techniques indispensables, on a voulu s'affranchir des règles de l'art, mais heureusement l'absence de méthode n'a été que l'exception et la plus grande partie des travaux a eu pour succès l'avantage prévu sinon dépassé.

Maintenent c'est l'expérience en main que le persévérant génie de ces pays s'avance, avec zèle, vers leur application générale.

En France, quelques propriétaires-cultivateurs ont timidement fait exécuter des essais de drainage et d'irrigation; le zèle inexpérimenté a eu plus de part dans cet élan que la conviction; il ne suffit pas de vouloir, il faut vouloir bien; ici comme ailleurs, mais dans des proportions plus grandes, les procédés rationnels froissant toujours les préjugés ont été négligés, aussi une grande partie des travaux de ce genre, exécutés dans des conditions mauvaises, ont amené des résultats presque négatifs, le découragement qui devait s'en suivre a produit, à cause d'un début infailliblement malheureux, une déplorable réaction contre ces intéressants travaux.

Malgré ce temps d'arrêt, le perfectionnement des objets élémentaires et des travaux eux-mêmes, sont l'objet constant des puissants efforts de la science des agronomes et de la pratique des agriculteurs.

Ces perfectionnements généraux bien saisis, commencent à pénétrer dans les contrées anciennement les plus stationnaires; il est donc probable qu'avec un peu de temps, l'esprit positif du progrès dans l'agriculture pratique, franchira les frontières et se naturalisera en France.

Dans cette espérance, nous nous empressons de mettre sous les yeux de nos lecteurs la description des travaux dont nous nous occupons, et des avantages que, dans tous pays, l'on doit en retirer.

Nous traiterons donc des procédés à employer pour obtenir du drainage perfectionné, pour exécuter le dessèchement des marais, — l'écobuage et l'irrigation, des avantages incontestables que ces travaux présentent en faveur de la végétation et des fruits des plantes ligneuses et herbacées, des céréales et autres produits du sol cultivé, des moyens de rendre fertiles les terres défrichées et les marais desséchés, d'assainir le sol, de salubrifier et améliorer le climat et de préserver les animaux et les plantes des maladies endémiques qui les atteignent.

CHAPITRE Ier.

DU DRAINAGE ARTÉRIEL PERFECTIONNÉ.

Pour obtenir du drainage des terres tous les avantages que nous nous proposons d'analyser, il faudrait que ces travaux fussent exécutés à la fois sur une contrée étendue, présentant plusieurs kilomètres carrés, que les versants composant un même bassin d'égouttement fussent groupés ensemble et coordonnés par région, de sorte que toutes les parcelles de terrain qui composeraient cette région soient soumises à l'application d'un système général d'artères-collectrices d'égouttement.

On éviterait, par ce moyen, l'inconvénient de ne pouvoir drainer sur le même versant des propriétés situées en amont, parce que le propriétaire en aval, ne s'occupant que de son intérêt personnel bien entendu, aurait précédemment disposé son drainage de manière à ce que le raccordement avec les travaux préalables du propriétaire en amont soit devenu impossible.

De cet inconvénient et du besoin d'ensemble dans l'exécution du drainage, résulte la nécessité d'une loi, pour faire déclarer d'utilité publique, *sur l'avis des propriétaires et cultivateurs d'une contrée, constitués en autorité syndicale*, les travaux combinés de drainage et de dessèchement sur toute l'étendue de cette contrée, de manière qu'aucuns travaux partiels de ce genre ne puissent être exécutés sans l'avis de l'ingénieur du drainage et l'autorisation du syndicat, qui auraient soin de conserver, dans l'intérêt de tous, la possibilité de pouvoir raccorder leurs travaux ultérieurs avec ceux préalablement autorisés.

DE L'ART DU DRAINEUR.

L'art du draineur consiste dans l'étude approfondie de l'épaisseur de deux mètres au moins du sol qu'il est appelé à drainer, c'est-à-dire, de la nature des différentes couches du terrain qui composent ce sol, des formes et de l'inclinaison de leur stratification, de l'importance et de la direction des différentes couches du terrain ainsi superposées, de la manière d'user utilement d'une pente quelconque d'après la forme du gisement des couches, de la valeur ou importance convenable des pentes à donner aux lignes des drains sur une déclivité excessive, de la création des pentes factices sur les terrains plats et horizontaux ; de toutes ces données recueillies, coordonner rationnellement, sur un groupe de versants, un système d'égouttement artériel.

Ces pentes, en général, doivent varier entre deux millimètres et trois centimètres par mètre courant. Au-dessous du premier chiffre, l'écoulement des eaux se ferait avec peine ; au-dessus du second chiffre, les eaux, en descendant trop rapidement, ravineraient le sol qui sert d'assises aux tuyaux et détruiraient l'harmonie indispensable entre les orifices des différentes pièces composant la série des tuyaux des lignes de drains.

Toutes ces prescriptions doivent être combinées avec les points de décharge des eaux et avec l'application souvent difficile de nivellements minutieux du fond des tranchées à ouvrir.

Toutes ces opérations scientifiques sont du ressort exclusif des connaissances de l'homme spécial, de l'ingénieur du drainage, s'aidant des instruments de précision.

Ces considérations sont du plus haut intérêt, car, on ne peut pas se le dissimuler, le drainage est un art difficile. Bien peu de travaux de ce genre, exécutés dans notre pays, sont faits d'après les règles absolues de l'art ; aussi, l'insuccès a souvent fait regretter la dépense, le vulgaire a prétexté de cet insuccès pour blâmer injustement le drainage ; ce blâme n'était, au fond, que la conséquence obligée de l'incapacité de l'opérateur.

En agriculture, la science des mécomptes nous apprend que rien ne doit y être mal fait ; il vaudrait bien mieux ne pas drainer du tout que de drainer imparfaitement.

Ainsi, l'on a vu des propriétaires n'ayant pas l'habitude de faire faire du drainage le diriger eux-mêmes, quand toutefois ils n'abandonnaient pas le tout à leurs ouvriers inexpérimentés comme eux.

Des ouvriers, qui n'avaient pas encore contracté l'habitude de se servir des outils spéciaux propres au drainage, creusaient, sans nivellements préalables, des tranchées telles quelles dans des directions hasardées, d'après leur coup-d'œil instinctif, toujours trompeur, *même chez les gens experts.* Les tranchées creusées à des profondeurs insuffisantes, des inégalités linéaires dans les pentes, des temps d'arrêt, des pentes contraires ou rampes, des embranchements mal assemblés et la terre de remplissage jetée brutalement sur les tuyaux, les dérangeaient de leurs lignes.

Du reste, les tuyaux de l'ancien système, par leurs formes défectueuses, se prêtaient facilement à tous ces inconvénients.

Privés de douilles d'emboitement et d'embranchement avec arrêt, ils présentaient souvent dans la pose des solutions de continuité trop importantes ; ils étaient par cela même bien faciles à déranger ; les terres de remplissage et celles provenant du ravinement du fond irrégulier s'introduisaient dans les drains et interceptaient l'écoulement de l'eau.

Les eaux, ainsi réunies en flaques souterraines, causent plus de préjudice au terrain ainsi drainé que lorsque les eaux étaient, avant le drainage, disséminées à l'infini dans le sol non drainé.

ÉTUDE DU DRAINAGE.

L'étude du drainage se compose d'un plan à l'échelle d'un millième, représentant la périmétrie du terrain sur lequel on veut appliquer un système d'égouttement artériel, composé d'un ou de plusieurs versants *attachés à ce système.*

On figure sur le plan, par des lignes plus fortes ou lignes doubles, les passages *les plus bas de tous les bassins ou sous-bassins du* système d'égouttement ou de la pièce de terre à drainer. Ces lignes *principales convergent à un ou plusieurs points de la décharge des* eaux ; elles représentent sur le terrain les lignes artérielles-col*lectrices.*

On décrit également à des distances parallèles, rapprochées selon *les besoins du dessèchement, la nature et la forme du sol,* des lignes secondaires ou adjacentes, prenant leur origine aux limites en amont des versants du bassin à drainer, aboutissant à angle aigu aux lignes artérielles-collectrices.

Toutes ces lignes, en général, seront cotées de longueur par portées en rapport avec les différentes pentes brisées de la même ligne; les cotes des pentes et leurs longueurs seront notées sur le plan; les profils du fond des tranchées, sur toutes les parties des pentes des lignes collectrices, seront mises en rapport avec le fond des lignes secondaires, de sorte qu'à leur réunion ou embranchement, l'eau n'éprouve aucun obstacle à passer des drains adjacents dans les drains artériels-collecteurs.

Ce plan servira, actuellement, à faire connaître à l'avance le chiffre de la dépense; ultérieurement, à la constatation progressive des travaux partiels exécutés d'abord sur un projet plus étendu, ainsi qu'à reconnaître sur le terrain les points où le besoin de réparations se ferait sentir. Au fur et à mesure que l'on exécute le drainage sur le terrain, on consigne les opérations sur le plan.

OPÉRATIONS MATÉRIELLES DU DRAINAGE.

Les lignes étant relevées du plan et jalonnées sur le terrain, les ouvriers commencent à creuser les tranchées des lignes artérielles-collectrices par le point inférieur ou de la décharge des eaux; le gazon de la terre en herbe ou les terres de la couche végétale des labours sont déposés d'un côté à vingt-cinq centimètres du bord de la tranchée, et les terres inférieures à même distance sur l'autre bord. Cette distance est nécessaire pour éviter les éboulements que le poids de la terre extraite occasionnerait et pour faciliter aux poseurs des tuyaux l'accès de la tranchée.

La terre provenant des fouilles ne rentre jamais entièrement dans la tranchée: cette méthode du dépôt des terres offre l'avantage de disposer des bonnes terres en excès pour les employer au colmatage ou à l'amendement des espaces intervallaires, ou encore à relever plus tard, dans les terres en herbe, les affaissements que le temps peut produire sur les tranchées de terrains de certaine consistance.

On doit éviter de fouler ou pilonner les terres de remplissage, car ce serait agir directement contre le but du drainage, qui est de rendre la terre plus poreuse et perméable.

FORME DÉFECTUEUSE DES TUYAUX DE DRAINAGE DE L'ANCIEN SYSTÈME.

Les tuyaux de drainage de l'ancien système avaient la forme d'un tube cylindrique uni, se terminant par des sections perpendiculaires à l'axe ; ces tuyaux ne présentaient aucun moyen d'assemblage fixe ; on les posait au fond des tranchées bout-à-bout ; leur mobilité les exposait à des dérangements fréquents.

Quand on établissait les embranchements, on perçait un trou dans la paroi du tuyau collecteur ; on introduisait le tuyau de second ordre ou de tranchée d'embranchement dans ce tuyau ou orifice latéral de ce tuyau collecteur , les parois de ce trou collecteur ne présentaient à l'orifice latéral qu'environ un centimètre d'épaisseur ; il était absolument impossible au poseur des tuyaux d'embranchement placé à la surface du terrain à un mètre d'éloignement de son travail, d'introduire avec le posoir le premier tuyau de la ligne adjacente, de manière à être assez avancé pour le fixer solidement, et en même temps à n'être pas trop avancé pour faire saillie à l'intérieur du tuyau collecteur ; dans le premier cas, le tuyau de tranchée de l'embranchement n'étant pas assez avancé pour être bien fixé, glissait sous le jet ou la pression inégale de la terre de remplissage, et son orifice ne se trouvant plus en rapport avec le trou pratiqué dans la paroi du tuyau collecteur, le cours des eaux de toute la ligne adjacente était intercepté précisément au point de décharge dans ce collecteur ; cette ligne ne fonctionnant pas, le travail était entièrement perdu. Dans le second cas, l'introduction de c uyau de tranchée adjacente D, figure 3, dépassait à l'orifice l'épaisseur de la paroi du tuyau collecteur au point E, s'appuyait contre la paroi opposée de ce collecteur saillant à l'intérieur A, occasionnait, en arrêtant les eaux du tuyau collecteur, le dépôt des matières en suspension ou celles charriées par les eaux d'égouttement, la circulation se trouvait ainsi arrêtée figure 3 et 5, et le travail en amont complètement perdu.

On comprend donc pourquoi quelques drainages exécutés avec

des tuyaux de l'ancien système ne peuvent pas fonctionner, car la mobilité des tuyaux de cet ancien système facilitait le dérangement inévitable de quelques-uns et devait dans quelques parties des lignes causer des interceptations fréquentes du cours des eaux d'égouttement

Un autre inconvénient de l'emploi des tuyaux de ce système consistait dans la nécessité de commencer la pose de ces tuyaux à la partie supérieure des lignes; il fallait donc, pour débarasser le fond des tranchées des eaux d'égouttement et préparer à cette pose, ouvrir les tranchées artérielles-collectrices dans toute leur longueur avant d'ouvrir les tranchées adjacentes, et encore ouvrir entièrement chacune de celles-ci avant la pose du premier tuyau; ces ouvertures de longues portées de tranchées trop longtemps béantes, amenaient toujours, surtout en temps de gelées, de dégels ou de pluies, des éboulements considérables qui comblaient l'ouverture et contraignaient à de nouvelles réouvertures plus dispendieuses que les premières; actuellement l'ingénieur du drainage peut faire commencer la pose des tuyaux à la partie inférieure des lignes et au fur et à mesure de l'avancement de l'ouverture des tranchées, en ayant soin d'endiguer quelquefois le fond de la tranchée en avant de la pose, pour faciliter les épuisements.

Ce mode d'opérer est convenable pour parer aux conséquences des éboulements à la suite des dégels ou des grandes pluies.

INCONVÉNIENTS DE L'EMPLOI DES COUVRE-JOINTS.

Pour empêcher la terre en suspension sur les joints ou points de contact des tuyaux de l'ancien système de pénétrer dans les tuyaux mêmes, on couvrait ces joints de fragments hémicylindriques de tuyaux coupés par la ligne médiane avant la cuisson.

Ces couvre-joints, figure 6, ayant à peu près huit centimètres de longueur, il arrivait que des entrepreneurs du drainage, assez infidèles abusaient à leur profit de l'emploi de ces couvre-joints.

D'abord il posaient les tuyaux du drainage à cinq centimètres d'intervalle entre eux, figure 6, ensuite ils faisaient ainsi remplir au couvre-joint suspendu sur les tuyaux ainsi éloignés, les fonctions de tuyaux entiers sur la longueur de cet intervalle; ils économisaient à leur profit illicite environ cent-cinquante mètres courants de tuyaux entiers par hectare, soit une valeur de dix-huit à vingt francs.

Evidemment c'était en soi-même une supercherie inqualifiable; mais un danger entraînant la perte entière du travail, résultait en outre de la pose des tuyaux ainsi éloignés les uns des autres sous leurs couvre-joints; les lacunes ou solutions de continuité de cinq à six centimètres entre les tuyaux d'une tranchée assis sur un fond détrempé par les eaux d'égouttement, privaient ces tuyaux des moyens de se soutenir mutuellement en ligne horizontale et immobile, les tuyaux privés de ce soutien indispensable, abandonnés sur le fond des tranchées, délayé par les eaux ou rabotteux par la présence de petites pierres, s'inclinaient d'un bout, se relevaient de l'autre; la corélation des orifices cessait d'exister; l'interceptation du cours de l'eau en était la conséquence inévitable, et la dépense du drainage était encore en pure perte.

TUYAUX DU DRAINAGE NOUVEAU SYSTÈME.

Les procédés que nous employons pour faire disparaître tous les inconvénients résultant de l'emploi des tuyaux de l'ancien système et pour obtenir du drainage perfectionné, consistent dans l'emploi des tuyaux dont nous avons modifié la forme, en adaptant ou additionnant aux anciens tuyaux des douilles d'emboitement ou d'embranchement avec arrêts intérieurs, étirés ou rapportés à l'un des bouts et sur l'orifice latéral d'assemblage des tuyaux dits drains artériels-collecteurs.

Ces tuyaux à douilles d'embranchement avec arrêt et d'emboitement, inventés et perfectionnés par nous, *brevetés* s. g. d. g. *le 21 mars 1859*, ont été exposés au concours général et national d'agriculture de Paris, en juin 1860, et primés d'une *médaille d'argent.*

Nous indiquons les perfectionnements que nous avons apportés aux tuyaux de drainage aux figures ci-jointes, n°s 1 et 2.

Ces figures représentent la douille d'embranchement A A, l'arrêt intérieur D et R, sur lequel s'appuie le tuyau d'embranchement emboité dans le tuyau collecteur-artériel B B; un tuyau ou successivement plusieurs, dépendant de la ligne adjacente E E, sont assemblés sur cet arrêt.

Ces tuyaux ainsi assemblés, figures 1, 2 et 3, sont ouverts sur la ligne médiane longitudinale de manière à présenter l'âme de ces tuyaux en évidence, et pour mieux faire comprendre le mérite de cet assemblage et la facilité de communication que trouvent les eaux d'égouttement des tuyaux adjacents par l'orifice du tuyau collecteur C et O, figures 1 et 2.

La figure 2 représente une série de tuyaux également ouverts sur la ligne médiane longitudinale, pour rendre apparente l'âme de ces tuyaux assemblés et pour donner une idée générale du système de drainage perfectionné.

Nous avons ajouté à la forme des tuyaux du même système ancien des douilles d'emboitement H, figure 2.

Ces emboitements H ne sont jamais hermétiquement fermés, il y reste toujours assez de jeu dans l'assemblage pour donner passage aux eaux.

La figure 4 représente une série de tuyaux artériels-collecteurs et de tuyaux de second ordre ou d'embranchement, entiers, assemblés dans leurs douilles d'embranchement et d'emboitement.

Les douilles ajoutées par nous aux tuyaux ou drains présentent aux uns et aux autres, un moyen infaillible d'assujétissement, elles assurent par cette fixité la libre circulation des eaux et préservent l'appareil circulatoire entier de dérangement et d'engorgement.

De ce que quelques propriétaires ont établi des conduites d'eau au moyen de tuyaux emboités et que les racines des herbes aquatiques se sont introduites dans les tuyaux et s'y sont développées, ils en tirent pour conséquence que les tuyaux du drainage doivent aussi se trouver fermés par les racines des mêmes plantes.

La crainte que l'on manifeste à ce sujet peut ici être dénuée de la similitude exacte qu'exige cette comparaison pour être vraie.

En effet, lorsque les conduites d'eau sont posées peu profondément, à trente ou cinquante centimètres par exemple, et que le sol est marécageux, les racines de plantes aquatiques peuvent s'introduire à cette faible profondeur; mais si les conduites d'eau étaient posées à la même profondeur que l'on pose les tuyaux de drainage, *un mètre au moins*, les racines des glaïeuls, des presles, des laiches, etc., etc., ne s'y introduiraient pas.

Toutefois, on doit visiter de temps en temps, sur une longueur d'un mètre, à l'orifice des points de décharge des tuyaux collecteurs du drainage, quand ces orifices se trouvent dans des fossés ou rivières où les herbes aquatiques abondent, mais à une distance plus éloignée de ces points, il n'y a rien à craindre, si les tuyaux du drainage sont à un mètre au moins de profondeur.

Le perfectionnement du drainage consistant principalement dans la libre circulation des eaux de pluies et d'irrigation, ces moyens précieux se trouvent assurés comme nous venons de l'expliquer.

Ce nouveau mode de drainage ne laisse plus rien à désirer.

ÉTAT DU SOL CULTIVABLE AVANT L'OPÉRATION DU DRAINAGE, COMPACITÉ NATURELLE DES TERRAINS ARGILEUX.

On sait que la partie supérieure de l'écorce terrestre qui nous est accessible, se compose de plusieurs couches de terrain de différente nature, superposées par l'action des soulèvements et des grandes perturbations des eaux que l'on désigne sous le nom de déluges, de cataclysme, etc., etc.

C'est cette superposition des couches du sol qu'en géologie on désigne par stratification des terrains.

On sait également que les bases constitutives de leur nature sont argileuses, calcaires, siliceuses, crétacées, arénacées, etc., etc.

Par exemple, les terrains où l'on rencontre la base argileuse sont moins poreux, comparés à ceux où l'on rencontre l'élément calcaire.

L'argile glaiseuse se trouve toujours par couches épaises, plus souvent recouvertes par d'autres couches que gisant à la surface.

L'alumine, base principale de cette argile elle-même, donne à cette dernière la consistance grasse, saponacée et compacte qui la rend presque impropre à la végétation, surtout dans les pays froids et humides.

Cette consistance lui communique, au moyen de la manipulation, de la trituration ou du broiement, la propriété de former avec l'eau une pâte tenace plus ou moins plastique se laissant mouler facilement.

La principale cause de la stérilité de l'argile vient d'abord de sa position sous-jacente à une ou plusieurs couches de nature différentes qui la prive par leur présence même de l'action de l'air, par conséquent du contact de l'oxygène, et ensuite de son éloignement de la surface qui la tient constamment froide, elle ne se dilate jamais par l'action du calorique qu'elle ne peut pas recevoir, elle s'affaise toujours de plus en plus, comme toute matière pondérable non agitée, devient par le tassement de ses molécules plus lourde et plus compacte.

La consistance grasse et saponacée de ses molécules la rend dans l'état d'inertie qui lui est propre, *imperméable à l'eau.*

Cependant on trouve des argiles, siliceuses à la surface, qui sont depuis longtemps labourées, frappées de l'air et du calorique, elles sont devenues fertiles, tant il est vrai que le contact de l'oxygène, en en divisant les molécules à l'infini, les rend poreuses et productives. Au surplus, dans certains cas, on emploie les terres glaiseuses seules, pour améliorer les terres sabloneuses, donc elles ne manquent que d'air pour devenir fertiles.

Il ne peut donc y avoir que bénéfice à labourer profondément sur un drainage énergique, pour amener à la surface des parties importantes de la couche argileuse.

Si on ne cultive que la couche superposée à l'argile non drainée, cette argile conservant son imperméabilité ne permet pas à l'eau de pénétrer sa contexture.

La couche de terre superficielle assise sur cette couche d'argile glaiseuse imperméable est constamment baignée dans les eaux stagnantes que retient la glaise sous-jacente.

Cette couche superficielle de terre végétale s'imbibe ainsi pendant l'hiver, se délaye et se détrempe comme dans un vase; les eaux et les molécules du sol s'incorporent mutuellement et forment pâte molle, l'air ne peut plus pénétrer dans cet amalgame compact, c'est alors qu'ex-abrupto le calorique solaire estival, échauffant vivement cette masse d'éléments divers confondus, ne donne plus le temps à ce sol pâteux de se dessécher lentement de se désagréger par la vaporisation de l'eau ; au contraire, il devient de plus en plus tenace.

La tenacité, la vive cohésion des molécules terrestres les empêchent de se diviser par petites parties, l'élévation de la température venant d'une chaleur caniculaire les déchirent subitement par grandes masses; il en résulte des crevassements profonds qui atteignent les racines des végétaux, les dénudent, les met en contact direct avec l'air ambiant qui les dessèchent, les brisent et font ainsi mourir les plantes ligneuses et herbacées ; voilà les causes et les conséquenees de la sécheresse.

C'est ainsi, comme nous l'établissons, que la sécheresse qui cause tant de préjudice sur les terrains non drainés, est si favorable aux terrains qui sont drainés.

CONSÉQUENCES PHYSIQUES DU DRAINAGE, POROSITÉ DU SOL.

Lorsque les pluies ont lieu ou lorsqu'on répand les eaux d'irrigation sur le sol *non drainé*, l'eau pénètre par les petits conduits capillaires, canaux ou canalicules que cette eau trouve déjà dans la contexture ancienne du sol, ou qu'en raison de son abondance elle se creuse par son propre poids, aidée toutefois par la pression atmosphérique; elle s'enfonce ainsi à une profondeur en rapport avec la nature du terrain, c'est-à-dire jusqu'à la couche d'argile glaiseuse, imperméable, qu'elle rencontre quelquefois assez près de la surface.

C'est la stagnation de l'eau dans cette couche superficielle de terrain qui vaut à ce sol la dénomination de terrain mouillé, de terres humides, de marais, etc.

L'eau reste là jusqu'à ce que la chaleur communiquée par le soleil d'avril, mai, juin et juillet échauffe assez cette terre humide pour convertir l'eau qu'elle contient en vapeurs et la ramener à la surface sous la forme de brouillards, de rosées, de gelées blanches, qui détruisent la vigne, le colza, etc., et les fleurs des arbres à fruit.

Les vides que produisent dans le sol les conduits capillaires, les petits canaux ou canalicules que l'eau traverse pour arriver à la couche imperméable ou pour en sortir par la vaporisation, constituent ce que les physiciens désignent par porosité, perméabilité, spongiosité, etc.

Le drainage a donc pour but d'augmenter la porosité de la partie du sol qui est déjà faiblement poreuse et de rendre poreuse et perméable la partie du sol sous-jacente à celle-ci, qui ne l'est pas encore.

Voici donc comment la porosité du sol s'établit à la suite du drainage : d'abord, la surface du terrain occupée par les tranchées du drainage est restée, au milieu de la terre de remplissage, plus creuse, plus poreuse que celle immédiatement contiguë, qui n'a pas été déplacée lors de l'ouverture des tranchées, la porosité ainsi acquise par le volume entier de la terre de remplissage dans la tranchée se propage faute de soutien et de proche en proche, jusqu'à une distance d'écartement relative à la profondeur des tranchées du drainage.

Comme avant le drainage, les eaux de pluies tombant sur le sol ou celles provenant de l'irrigation pénétraient par les canalicules anciens de la terre restée ferme, de même aussi, les mêmes eaux arrivant sur le sol drainé, immédiatement près de la tranchée vive d'ouverture de la fosse aux drains, elles suivent les mêmes voies; mais, en descendant, elles pressent de côté par leur propre poids vers cette fosse, contre les premières parois très-minces qui les divisent de cette tranchée; la pression atmosphérique aidant, elles font céder par écaillement cette mince paroi, qui n'est plus soutenue de ce côté comme elle l'était précédemment par la terre voisine, alors ferme; l'eau pénètre donc déjà dans la fosse ou tranchée du drainage d'une distance de côté de quelques centimètres d'écartement.

Les secondes pluies ou celles de l'irrigation continuées prennent de proche en proche, et par la même cause, la même direction, de sorte que dans le délai de trois ou quatre hivers, l'infiltration factice des eaux s'opère d'une distance d'écartement de cinq à six mètres de chaque côté dans chacune des lignes de drains, quand toutefois ces lignes sont disposées selon les règles de l'art.

CONSÉQUENCES DE LA POROSITÉ DU SOL.

Les petits canaux ou canalicules anciens de la porosité ancienne du sol et ceux de la porosité factice ou nouvelle résultant du drainage, mis en rapport immédiat, ne se referment jamais ; car, aussitôt que l'eau est écoulée, l'air, poussé par la pesanteur atmosphérique, pénètre dans ces mêmes canalicules, y circule continuellement, jusqu'à ce que de nouvelles eaux de pluies ou d'irrigation, plus pesantes que lui, arrivent, refoulent cet air dans les drains par les routes communes à ces deux éléments.

Ce mouvement a lieu d'une manière continuelle, par l'air ou par l'eau, depuis la surface du sol jusqu'aux drains; ce mouvement permet aux eaux restées saines et à l'air qu'elles entraînent de désagréger, en descendant, les molécules du sol, de les rendre, en les divisant, de plus en plus poreuses, de nourrir plus activement et de rafraîchir la plante, de déposer comme sur la pierre d'un filtre les substances fertilisantes qu'elles tiennent en suspension, ainsi que le produit des engrais.

Les physiciens nous expliquent et les chimistes nous démontrent, par l'analyse, qu'il entre dans la composition de l'eau quatre-vingt-neuf parties en poids sur cent d'oxygène, et, par l'analyse de l'air, ils trouvent vingt-et-une parties en poids sur cent de ce gaz, quantités considérables si on les apprécie sous le rapport des avantages que ce gaz procure aux plantes ligneuses et herbacées.

L'oxygène est donc, comme nous venons de le dire, le principal élément de la respiration des plantes ligneuses et herbacées ; de là vient son nom par excellence d'*air vital des plantes !* de là aussi la nécessité, pour le succès de l'agriculture, d'introduire facticement l'oxygène dans la couche du terrain cultivé, au moyen de ses véhicules naturels, l'air et l'eau, par l'application du drainage.

Le contact de l'eau et de l'air avec les molécules du terrain drainé, qu'ils traversent, favorise le délaissement d'une partie de l'oxygène qu'ils contiennent au profit des racines des plantes et de l'ameublissement de ce même terrain.

ÉTAT DE MOITEUR OU FRAICHEUR BIENFAISANTE ACQUISE AU SOL APRÈS LE DRAINAGE.

Après la cessation des pluies et de l'irrigation, la surface du sol drainé se dessèche en raison directe du degré de chaleur frappant cette surface.

Les molécules du sol étant d'une contexture spongieuse, recevant l'action de la chaleur solaire qui tend à les dessécher au fur et à mesure que les eaux descendent, retiennent, par l'effet de la capillarité, ces mêmes eaux descendantes qui fuient lentement pour se les assimiler.

On comprend comment une éponge sèche, posée sur une autre éponge mouillée, attire à elle l'humidité de celle-ci. Ce procédé physique tout naturel, que l'on nomme la capillarité, agit ainsi, aux fins de rétablir l'équilibre qui était rompu entre ces deux corps également poreux, en contact immédiat, dont l'un était desséché et l'autre fortement mouillé.

C'est donc là l'effet de la capillarité, aidée d'une dose élevée de calorique accumulé dans l'éponge sèche dilatant son tissu, et de la pression de l'air atmosphérique aux alentours de l'éponge mouillée, que l'humidité réfrigérante de l'eau, *en opposition de température avec celle de sa voisine*, remonte dans cette dernière éponge pour rétablir, comme nous venons de le dire, l'équilibre, que ces éléments de nature contraire cherchent constamment à rétablir.

Il en est de même à l'égard des diverses couches superposées du sol rendues poreuses par le drainage. La couche supérieure, saturée de calorique, plus desséchée que celle immédiatement inférieure, la capillarité fonctionne ici comme dans les éponges pour rétablir ou maintenir l'équilibre qui tend à se rompre.

Cette faible quantité d'eau ainsi retenue de proche en proche, depuis la surface jusqu'au fond des tranchées, ne peut humecter avec excès la superficie, toujours échauffée ; cet état de moiteur ne peut fournir assez d'humidité pour produire des brouillards ou vapeurs. Ainsi, la surface n'étant pas assez mouillée, les molécules du sol manquent de liaison, d'agrégation ; la terre, rendue plus poreuse, reste meuble, et le crevassement du sol ne peut s'opérer, faute d'adhérence de ses molécules.

C'est ainsi que le drainage, en même temps qu'il soutire du sol les eaux en excès, empêche la sécheresse d'agir sur ce sol

Dans les terres sèches à bases calcaires, schisteuses, siliceuses, quartzeuses, etc., situées sur des plateaux élevés ou sur des pentes rapides, le drainage produirait des avantages importants, non par rapport au dessèchement de ces terres, lesquelles par elles-mêmes sont déjà trop sèches, mais pour faciliter l'imprégnation par la retenue des eaux de pluies dans ce sol rendu poreux et plus perméable par le drainage.

Lorsque les eaux de pluies tombent sur ces terrains secs et inclinés, la forme et la consistance naturelle de ces terres empêchent les eaux de pénétrer dans le sol, la pente les entraînent rapidement chargées des matières de l'engraissement portées à grands frais sur ce sol de difficile accès, de sorte qu'à la suite de ces pluies, qui pourraient le rendre si fertile si elles étaient retenues par le drainage, il reste appauvri et raviné.

C'est le cas surtout de la plupart des vignobles assis sur les coteaux.

Ces eaux de pluies pourraient cependant être retenues dans ce sol incliné par l'augmentation de l'épaisseur de la couche de terre plus ameublie, plus poreuse, et rendue plus perméable par un drainage profond; l'état de moiteur intérieur que le drainage entretiendrait faciliterait l'introduction des eaux de pluies immédiatement après leur chute, et la descente torrentielle de ces eaux serait supprimée.

En drainant ces terres en pente, de biais à la déclivité, on obtiendrait, en retenant les eaux davantage, de conserver les engrais et la fraîcheur dans le sol, et les récoltes préparées à la superficie seraient plus assurées.

L'état de moiteur dans les terrains drainés offre donc aux racines des plantes toutes les conditions réunies de la meilleure alimentation possible pendant la sécheresse, en tenant constamment le sol dans une température en même temps chaude et humide, si convenable pour obtenir des terres cultivées toute l'exubérance de leur fertilité.

CHAPITRE II.

DU DESSÈCHEMENT DES MARAIS.

On désigne par le nom de marais, des terrains plus ou moins étendus dont la surface est habituellement imprégnée ou couverte d'eau stagnante, et dont le sol est formé par un limon alluvial, composé de parties d'argile désagrégées des versants dépendants du bassin, de débris plus ou moins altérés de végétaux nombreux qui s'en élèvent, et des restes d'animaux qui ont vécu et péri au milieu de ces régions humides, ou qui y ont été apportés par les crétines des débordements des cours d'eau supérieurs.

Les principales plantes aquatiques qui croissent dans les marais sont: les conferves, les algues, les presles, les fucus, les joncs, les glaïeuls, le carex ou laîches, etc., etc.

Les principales espèces du règne animal sont: les salamandres, les couleuvres, les poissons et coquillages d'eau douce, les crapauds, les grenouilles et les mammifères qui ont vécu ou qui ont trouvé la mort dans la traversée de ces terrains sans fond, etc., etc.

Le sol des marais est presque toujours composé de tourbes fibreuse, limoneuse, piciforme ou de consistance de poix ; compacte, à cassure luisante et résineuse, etc.

Les eaux immergent toujours et submergent souvent le sol des marais.

Tous les marais auxquels on peut, par des travaux d'art, donner écoulement aux eaux qui les baignent et ainsi les dessécher, sont l'objet d'un appât bien riche aux spéculations de l'agriculture.

Pour encourager l'exécution des intéressants travaux du dessèchement des marais, nous allons rapporter ce que l'expérience nous a démontré et ce que la science agronomique conseille, pour obtenir les plus beaux succès possibles.

Il est bien rare que des marais d'une superficie importante ne soient pas traversés par quelques cours d'eau.

L'élévation des eaux paludéennes n'étant qu'une question de niveau à comparer avec le point de décharge, il est bien rare aussi qu'il n'y ait pas possibilité de les dessécher vers ces points de décharge.

Quelquefois la main de l'homme s'est fait sentir, ou a élevé des endiguements latéraux pour limiter et fixer ces cours d'eau ; nous connaissons plusieurs bassins, notamment celui de la rivière de Dives, contenant plus de quatre mille hectares de marais, où des travaux de ce genre ont été exécutés; mais quelques autres grands marais, notamment ceux des grands bassins de la Manche, n'ont reçu que bien peu de travaux d'endiguement ; on s'est borné à creuser ou régulariser le lit des rivières et à ouvrir des rigoles et fossés adjacents.

Aujourd'hui que nos travaux d'art ont acquis un notable perfectionnement et que l'argent, qui est le nerf de ces grands travaux, est plus abondant, notre génération se trouve par là même dans l'obligation de les exécuter.

Comme l'élévation de l'eau des marais, l'élévation de celles de la mer n'est qu'une question de niveau dont les causes premières, bien connues d'ailleurs, peuvent être omises ici.

L'élévation des premières est soumise, dans la partie inférieure des bassins, à l'influence des secondes ; elles ont pour causes principales étrangères à celles-ci, l'abondance des eaux provenant des crétines, des débordements, et l'absence de canaux de dessèchement creusés selon les règles de l'art.

Cependant ces eaux de diverses origines s'arrêtent toujours près d'une résistance solide ou liquide qui est plus élevée qu'elles.

Si aucunes résistances n'arrêtent l'élévation des eaux, des marées, si la rivière n'est pas endiguée, l'eau des marées remontera la vallée aussi loin que son niveau de haute mer et le temps pendant lequel le mouvement ascendant s'opérera permettront aux eaux d'arriver.

Ainsi, pas de dessèchement possible sur ce point.

Mais si l'on peut présenter quelques obstacles à la marée montante, un endiguement bien établi par exemple, on diminuera la quantité d'eau qui, avant cet obstacle, entrait dans le bassin de la rivière et couvrait les marais ; mais cet endiguement doit, par sa forme bien étudiée, présenter la somme d'obstacles la plus considérable possible.

Deux systèmes différents peuvent être mis en présence.

Le premier consisterait à ouvrir le lit de la rivière en ligne droite perpendiculaire à la mer et à l'endiguer dans cette forme.

Le second système consisterait à ouvrir ce lit en forme de méandres, de sinuosités ou coudes répétés fréquemment dans le bassin, et à l'endiguer également dans cette forme sinueuse.

Si, dans le premier cas, l'ouverture du lit nouveau de la rivière et son endiguement s'exécutaient en ligne droite sur le bassin perpendiculairement vers la mer, il en résulterait ceci :

Les eaux descendraient plus rapidement il est vrai, mais aussi pendant la marée montante, les eaux de cette marée remonteraient sans frottement sensible, entreraient plus vite et en plus grande quantité dans le bassin ; elles dépasseraient dans la vallée le niveau rationnel en raison directe de la plus forte impulsion de lancement qu'elles recevraient du flot, elles s'élèveraient davantage et avec d'autant plus de force *qu'éprouve de facilité tout cours d'eau roulant dans un canal factice droit, ayant des parois verticales resserrant ce cours*, elles remonteraient plus loin ; les grandes marées et les tempêtes vent-arrière seraient désastreuses sur les berges, une quantité énorme de sables et de vases attirés par le courant ascendant rendu plus rapide, entrerait dans l'embouchure, en élèverait le fond, puis les eaux des crétines n'ayant plus assez d'écoulement par l'embouchure dont le fond se trouverait ainsi relevé, inonderaient les terrains bas des rives en amont et feraient refluer et stagner les eaux douces sur les marais.

Assurément ce premier système n'a jamais pu être conseillé par des ingénieurs possédant les notions de l'hydrodynamique.

Dans ce deuxième cas, le dessèchement des marais est encore impossible.

Le second système consisterait, comme nous l'avons déjà dit, à ouvrir dans le bassin un lit nouveau sinueux, et à l'endiguer latéralement.

Supposant que la marée monte jusqu'à deux myriamètres en latitude ou à vol d'oiseau dans un canal de dessèchement ou une rivière ouverte en ligne droite dans le bassin, et que l'on veuille réduire cette course de moitié, c'est-à-dire l'empêcher de remonter à plus d'un myriamètre également en latitude ou à vol d'oiseau, et que l'on veuille, par conséquent, diminuer considérablement la quantité d'eau de mer et de sables ou vases qui s'introduiraient en suivant le premier système.

Voici ce qu'il y aurait à faire :

Il faudrait, à partir du point d'entrée de la marée dans le bassin, creuser à cette rivière un nouveau lit présentant, dans sa partie inférieure, beaucoup de grandes sinuosités répétées dans toute la largeur de ce bassin, sur de faibles rayons, telles, que la même distance de deux myriamètres se trouve tracée sur ces sinuosités avant d'avoir atteint en latitude ou à vol d'oiseau un myriamètre d'éloignement perpendiculaire de la mer.

Par le développement de ces sinuosités ou coudes sillonnant fréquemment la vallée, par le frottement des eaux sur les rives de ces coudes, par les tourbillons et les remous que ces coudes occasionneraient, on aurait fait perdre beaucoup de temps à l'eau s'avançant, on aurait préservé de l'action de la marée ou de submersion un myriamètre de terrain de plus dans cette vallée.

On comprend ici l'avantage des retards apportés au mouvement ascendant du flot, quand on sait que ce mouvement ascendant ne s'exécute à chaque marée que pendant un temps assez court, ce mouvement cessant il y a immédiatement retrait.

D'un autre côté non moins intéressant, ces coudes factices ralentiraient aussi la course souvent furieuse des eaux descendantes du courant d'Ebbe, ou Jusant, ainsi que des crétines ou débordements, lesquelles eaux lancées de grandes distances dans un canal droit, acquéreraient une force descendante capable d'occasionner d'affreux cataclysmes sur la partie inférieure du bassin.

Au contraire, les eaux descendantes, contrariées dans leur cours par la présence des nombreuses sinuosités du lit, se retireraient plus lentement, causeraient beaucoup moins d'érosions sur les rives et sur le fond, les eaux des débordements auraient plus de temps pour faire entièrement le dépôt des matières fertilisantes qu'elles tiennent en suspension, colmatraient plus régulièrement le bassin, dans lequel un moyen d'irrigation bien entendu serait déjà établi.

Nous avons déjà dit que la forme des travaux du dessèchement doit être modifiée à mesure que l'on s'éloigne de l'influence de la mer.

En regard de la partie du bassin où l'action des marées se fait sentir, le moyen le plus avantageusement praticable consiste à endiguer solidement les bords du lit sinueux de la nouvelle rivière, mais dès que l'on a atteint dans ce bassin le point où la marée devient à peu près nulle, la nécessité d'une rivière sinueuse n'est plus aussi impérieuse.

Il est bien rare que quelques collines, coteaux ou hauts-fonds ne viennent, par leur avancement dans le bassin, interrompre la ligne droite de ce bassin, ces collines allongent, en le détournant de la ligne droite, le parcours du cours d'eau ou thalweg d'égouttement.

Cependant les eaux s'écoulent toujours, quoiqu'imparfaitement quelquefois, il y a donc encore, malgré l'allongement obtenu par les sinuosités factices du lit nouveau et par celui qu'occasionne la présence des hauts-fonds dans le bassin, il y a donc encore, disons-nous, une pente quelconque, un demi-millimètre au moins par mètre courant.

Or, en principe, une pente représentée par un chiffre quelconque, appliquée sur une longueur déterminée, décrivant un arc de cercle irrégulier fortement accentué, sera nécessairement doublée d'importance par mètre, si on l'applique sur la corde de ce même arc de cercle, la longueur étant réduite de moitié; en d'autres termes, une pente d'un mètre sur dix mètres de longueur donne par mètre dix centimètres; si la longueur de dix mètres est réduite à cinq mètres, la même pente de dix mètres, appliquée sur cette nouvelle longueur de cinq mètres, sera de vingt centimètres par mètre.

Cet axiome conseille aux ingénieurs du dessèchement d'éviter de faire ouvrir des canaux pour dessécher les marais latéralement au tracé sinueux des cours d'eau et de contourner absolument les avancements ou musoirs de collines et les hauts-fonds qui se présentent dans les bassins à dessécher.

En prenant pour exemple l'application de ce raisonnement, sur une longueur de vingt kilomètres parcourue par les sinuosités, endiguées ou non, d'une rivière traversant un bassin de marais et présentant une pente générale de dix mètres depuis la surface des eaux au point supérieur de la distance, comparée au niveau des basses mers, on trouve que cette pente de dix mètres répartie sur la longueur de vingt kilomètres donne 0m 0005 ou un demi-millimètre par mètre, pente suffisante pour l'écoulement des eaux d'un canal de dessèchement.

En supposant que l'on veuille établir sur ce bassin un canal de dessèchement partant du même point supérieur, allant le plus directement possible aboutir à la mer, et que ce canal n'exigerait plus, à cause du raccourci résultant d'une direction plus droite, qu'un parcours de quatorze kilomètres, il pourrait en résulter ceci:

Ce raccourci de six kilomètres sur le parcours, ainsi rectifié, donne, en raison du même chiffre de pente, trois mètres de différence de niveau entre les deux points.

Or, en creusant les quatorze kilomètres de distance réduite entre les deux extrémités de ce canal avec la pente de plafond primitivement fixée à un demi-millimètre par mètre, on pourrait employer les trois mètres obtenus du raccourci à creuser dans toute sa longueur ce canal à trois mètres de profondeur, depuis son point supérieur en amont jusqu'à son point inférieur en aval; on arriverait ainsi à établir jusqu'à l'entrée de la mer, le plafond ou cuvette de ce canal au niveau des marées basses, pente et profondeur ci-dessus fixées conservées.

En thèse générale, plus on aura la faculté de raccourcir le tracé d'un canal de dessèchement entre les points extrêmes à dessécher, plus on pourra le creuser profondément.

Un canal de dessèchement ne doit recevoir que les eaux d'égouttement du sol des marais, aucuns cours d'eau un peu importants ne doivent communiquer leurs eaux avec les siennes; ce canal doit passer ses eaux sous les rivières et sous les canaux, dans des passerelles sous-fluviales, ou dans des acqueducs-siphon, et sous les ponts des routes et des chemins.

Le fond ou la cuvette d'un canal de dessèchement ouvert à trois mètres de la surface des eaux en amont se trouverait arriver, dans l'exemple que nous donnons, presque de niveau avec les marées basses, la décharge des eaux de ce canal serait interrompue deux fois par jour pendant l'élévation des marées.

Pour que l'effet des marées soit neutralisé dans le canal de dessèchement et pour que les eaux salées ne s'y introduisent pas, on établirait près de la mer un système de vannes verticales à crémaillères plus faciles à faire fonctionner et moins dispendieuses que des portes de flot.

Ces vannes seraient abaissées à l'arrivée du flot

En arrière de ces vannes verticales, la base ou plafond du canal serait creusée, comme nous l'avons dit, au niveau des marées basses. Cette partie du canal de dessèchement pourrait avoir, selon les besoins, une largeur de vingt mètres au plafond et une longueur de cent à deux cents mètres continuée de même largeur et de même profondeur, cette partie du canal servirait de bassin de cumul ou de retenue des eaux douces pendant l'élévation de la marée. Ce cumul des eaux d'égouttement les empêcherait de remonter dans le canal de dessèchement et permettrait à ce canal de fonctionner sans interruption au-delà de ce bassin de cumul, même pendant les hautes marées.

Aussitôt que le niveau de la marée descendante aurait atteint celui des eaux douces cumulées derrière les vannes, toutes ces vannes seraient levées avec une grande facilité, la pression étant égale des deux côtés, et quand cette marée serait abaissée, le bassin de cumul des eaux douces serait vide.

Voilà donc le moyen d'employer au profit du dessèchement des marais la différence de niveau entre les hautes et les basses mers, avantage que les anciens n'avaient pas à leur disposition avec des moyens aussi faciles et aussi peu dispendieux que ceux que nous possédons.

Les conséquences ou suites du dessèchement des marais se divisent en deux parties principales qui doivent se coordonner nécessairement.

1° L'avantage du dessèchement des marais, sous le rapport de l'agriculture, se résumant plus spécialement par des intérêts particuliers;

2° L'avantage du dessèchement des marais, sous le rapport de la salubrité publique, se résumant plus spécialement par des intérêts généraux.

Nous allons donc traiter du dessèchement des marais sous ces deux principaux points de vue.

AVANTAGES DU DESSÈCHEMENT DES MARAIS SOUS LE RAPPORT DE LA SALUBRITÉ PUBLIQUE.

Comme on va le voir, il ne suffit pas de dessécher seulement cinquante centimètres du sol des marais, *l'agriculture ne recevrait qu'un insignifiant bénéfice de ces travaux insuffisants, et la salubrité publique y perdrait considérablement.*

Dans le canal de dessèchement creusé dans toute sa longueur à trois mètres en contre-bas de la surface des eaux, au point de départ en amont, on peut supposer qu'il y aurait en moyenne un mètre de hauteur d'eau d'égouttement; environ cinquante centimètres au-dessus du niveau de ce volume serait dans toute l'étendue des terrains desséchés entretenus par le phénomène de la capillarité, dans une moiteur bienfaisante.

Il resterait donc au moins une hauteur d'un mètre cinquante centimètres du sol des marais asséché pour toujours.

Mais le dessèchement, sous le rapport de la salubrité publique, ne suffit pas; il faut encore obtenir l'assainissement salubre du sol des marais.

Le sol des marais, comme nous l'avons déjà dit, est composé d'une couche importante de débris de végétaux et d'animaux que nous désignons sous le nom de terrains tourbeux.

Ces détritus des deux règnes organiques sont encore bien loin d'être complètement pourris.

Tout le monde sait que, pour qu'un corps animal ou végétal se décompose, se pourrisse, il faut nécessairement que ce corps se trouve placé dans une région ou dans un milieu où concourent simultanément l'action directe du calorique et de l'humidité.

Quand l'un ou l'autre de ces fluides manque absolument, il y a conservation indéfinie ou pétrification infaillible.

Mais lorsque, *comme par exemple dans les marais*, les débris végétaux et animaux sont déposés jusqu'à la surface sans être recouverts par une couche importante de terre et qu'ils sont immergés dans l'eau, le calorique estival n'en atteint que bien faiblement la superficie; il ne se trouve donc qu'une couche bien mince de ces débris qui puisse se pourrir même imparfaitement; il y a donc d'abord, en descendant, décomposition imparfaite interrompue, puis entièrement suspendue.

De là, la formation des tourbes ou terrains tourbeux.

Quand les canaux de dessèchement, les fossés et rigoles adjacents d'égouttement seront ouverts dans les marais, qu'il y aura *un mètre cinquante centimètres* de terrains tourbeux pour toujours privés d'immersion, le calorique pénétrera avec une grande facilité dans ce sol naturellement poreux, les eaux de pluies arrivant s'introduiront également; alors les deux agents putréfacteurs de la décomposition ébauchée, réunis à dose convenable au milieu de ces tourbes, agiront de concert et les pourriront promptement.

Pendant les quelques années nécessaires à la putréfaction parfaite, l'élévation de la température à l'intérieur de ce terrain tourbeux convertira la plus grande partie des eaux de pluies en vapeurs et en brouillards qui se produiront constamment à la surface du sol.

Nul doute sur ce point. Les eaux de pluies ayant, avant leur vaporisation, filtré ces tourbes en travail de décomposition, se corrompront elles-mêmes par ce contact, rempliront, sous la forme de brouillards résultant de la vaporisation, les fonctions de véhicules conducteurs des émanations de ce sol, tels que gaz délétères, exhalaisons putrides et miasmes morbifiques.

Ces effluves, portés ou poussés par les vents, seront bien loin d'être inoffensifs; ils seront, au contraire, pernicieux à la santé publique; ils frapperont tout le pays soumis à leur envahissement; des maladies endémiques, puis épidémiques séviront cruellement sur un rayon très-étendu, contre les populations et contre les animaux.

L'irrigation, dans ces conditions, serait cause de plus grands malheurs encore: L'abondance des eaux, jointes à l'échauffement brûlant d'un soleil caniculaire, provoqueraient dans ce sol une putréfaction plus vive et une vaporisation plus intense, augmenterait la dose des émanations d'autant plus malfaisantes qu'elles résulteraient d'une masse plus importante de liquide employé à l'irrigation.

Il ne faudrait donc pas laisser ces tourbes desséchées se pourrir ainsi d'elles-mêmes, quand les moyens de hâter la putréfaction d'une manière inoffensive sont dans nos mains.

Heureusement pour notre époque, nous pouvons nous affranchir des conséquences toujours funestes du défrichement et du dessèchement des marais.

Un nouvel art, qu'un agronome éclairé qualifiait *d'art providentiel, lequel, malgré cela, comme les plus belles inventions, a beaucoup de peine à se faire des adeptes parmi le vulgaire*, vient à notre secours, *c'est le drainage.*

On sait que le drainage bien fait soutire du sol, par ses canaux, les eaux de pluies et d'irrigation avant qu'elles n'aient eu le temps de se corrompre au contact des substances minérales, végétales et animales, et de subir la vaporisation.

Comme on le voit, le drainage prive d'autant l'atmosphère des brouillards toujours malfaisants, et, en même temps, en assainissant l'air, il améliore le climat !

AVANTAGES DU DESSÈCHEMENT DES MARAIS SOUS LE RAPPORT DE L'AGRICULTURE.

Si l'on s'en tenait au simple égouttement de ces terrains tourbeux jusque là toujours immergés, ces terrains, se trouvant tout-à-coup et pour toujours privés de leur eau d'immersion, la chaleur estivale arrivant, augmenterait leur compacité et occasionnerait des gerçures du sol et des crevassements considérables ; les herbes aquatiques, qui seules couvrent les marais, conserveraient bien longtemps leur nature de mauvais aloi, elles se transformeraient bien difficilement en bonnes herbes de pâturages ; un laps de temps bien long s'écoulerait donc avant qu'on ne puisse retirer aucun produit rémunératoire des travaux du dessèchement.

Cependant, en employant les moyens que nous indiquerons, nous assurons qu'on peut, immédiatement après le creusement des canaux et des fossés et rigoles adjacents, faire produire à ce sol des récoltes considérables.

Voici donc comment on opérerait sur les marais :

On commencerait le dessèchement près la mer, on l'exécuterait par parties en rapport avec les moyens d'action dont on pourrait disposer.

Au mois de juillet qui suivrait la terminaison des travaux dans chacune des parties du bassin successivement desséchées, les terrains marécageux seraient déjà égouttés sans retour.

On ferait écobuer à vingt centimètres de profondeur.

CHAPITRE III.

DE L'ÉCOBUAGE.

Le sol des marais est habituellement couvert d'herbes aquatiques, et celui des landes ne produit que des bruyères, des genêts, des ajoncs, des mousses, etc., etc.

Toutes ces plantes spontanées sont d'une bien minime valeur quand, toutefois, *elles valent quelque chose.*

Quand il s'agit de disposer ces terrains à l'agriculture, il est essentiel de détruire complètement tous ces produits de mauvais aloi pour les remplacer ensuite par l'ensemencement de plantes fourragères.

Les labours sans autre moyen seraient bien longtemps à détruire entièrement ces mauvaises plantes.

Les procédés les plus sûrs et les plus prompts pour modifier la nature des produits du sol marécageux, consistent donc dans le dessèchement, le drainage, puis l'écobuage de la superficie de ce sol improductif; cette dernière opération détruit, par la combustion, toutes les parties reproductives, tous les rudiments de ces mauvaises plantes tels que racines, boutures, graines, etc. Le produit de l'incinération est par lui-même un engrais bien précieux, les cendres des plantes du terrain tourbeux et la tourbe elle-même contiennent beaucoup de principes fertilisants, tels que l'ammoniac, qui s'y développe en grande quantité par la combustion.

L'incinération de toutes les parties constitutives de ces plantes, affranchit entièrement le cultivateur de la crainte de les voir jamais se reproduire.

L'écobuage consiste à écrouter ou enlever la surface du sol avec la charrue écobueuse à la profondeur voulue, selon la résistance du gazon ou des racines des plantes sauvages.

On enlève donc ainsi des bandes du sol de dix à vingt centimètres d'épaisseur, de trente à trente-cinq centimètres de largeur, on coupe ces bandes par carrés ou parallélogrammes de trente-cinq à quarante centimètres de longueur, selon la tenue et la consistance du gazon.

Trois enfants saisissent simultanément chacun un de ces carrés de gazon, les disposent debout en forme de trépied, le gazon ou surface herbue à l'intérieur, on laisse le gazon dans cet état pour qu'il se dessèche sous le soleil ardent de juillet, de manière à pouvoir le faire brûler en août ; on étend uniformément avec la herse embranchée le produit de l'incinération, puis on laboure à trente-cinq ou quarante centimètres de profondeur, trois ou quatre fois en sens divers, en septembre et en octobre.

On fait drainer pendant ce temps à un mètre au moins de profondeur, puis on plante du colza en novembre.

Ce colza planté sur cette terre tourbeuse des marais ou sur les terrains de landes également brûlés et brisés en tous sens par des labours répétés, maintiendrait les terres dans une fraîcheur suffisante, les empêcherait non-seulement de se crevasser, mais même de se fendiller.

Après la récolte du colza on labourerait fréquemment pendant l'été, pour emblaver avant l'hiver suivant; les labours profonds, répétés souvent pendant les premières années, concourants avec les effets du drainage, rendrait meuble, en le pourrissant, ce terrain tourbeux et compact, par conséquent inattaquable par la sécheresse.

Ces terrains tourbeux des marais desséchés, drainés, écobués et irrigués, se soulèvent par suite de l'introduction de l'air dans ce sol, de sorte qu'après quelques années de culture, on est avantageusement surpris de reconnaître l'ensemble du soulèvement général de ces terrains jusqu'à plusieurs décimètres !

Une culture alternative de colza, de céréales et de prairies artificielles pendant dix ans, produirait de grands revenus, activerait l'entière putréfaction de la tourbe supérieure, le drainage soutirerait les eaux de pluies et d'irrigation en excès, rendrait ces grands arrosements *toujours faciles dans un bassin de marais*, très-productifs et absolument inoffensifs ; puis on sèmerait, dans une dernière récolte en orge, des graines herbagères de choix, pour convertir en prairies permanentes ou paturages.

On aurait ainsi arraché du domaine exclusif des eaux, des terrains de première qualité, produisant, après ce court délai de culture, des revenus spontanés de premier ordre, et on aurait amélioré le climat !

Les plantations d'arbres de haute tige de bonne essence et d'arbres fruitiers pourraient être l'objet de spéculations lucratives; elles complèteraient tous les moyens praticables du dessèchement salubre !

La science sur ce point, comme sur l'efficacité du drainage, publie, sous le rapport de la salubrité publique, les avantages des plantations en pareil cas.

CHAPITRE IV.

DE L'IRRIGATION.

Comme nous l'avons fait remarquer au paragraphe intitulé *des conséquences de la porosité du sol*, l'eau contient de son poids général quatre-vingt-neuf parties sur cent d'oxygène, elle laisse, par son contact avec les molécules du sol drainé, en le traversant, une quantité de ce gaz bien précieux pour l'existence et le progrès des plantes.

L'agriculteur, bien convaincu de ce résultat avantageux, doit faire tous ses efforts pour introduire dans le sol qu'il cultive, soit à l'état de prairies naturelles, permanentes ou artificielles ou d'herbages ou pâturages drainés, la plus grande quantité d'eau possible; mais ces arrosements ne doivent pas être faits sans discernement, car ils produiraient peu ou de mauvaises herbes.

Cependant, ne perdons pas de vue qu'une grande quantité d'eau de pluie ou d'irrigation, versée sur un terrain *non drainé*, horizontal ou à peu près, pendant l'hiver ou au commencement du printemps, a toujours pour inconvénient de noyer les terres et de les rendre plus compactes et plus froides. Cette immersion hivernale jette l'interdit sur les herbes de bonne nature, les empêchent de pousser de bonne heure et bien fournies.

Les herbes aquatiques, au contraire, favorisées par l'abondance de l'élément qui leur convient, se développent d'autant mieux que celles de bonne nature, en s'étiolant, leur abandonnent une partie du terrain. Puis l'on s'étonne que les herbes des prairies et des herbages que l'on cherchait à améliorer par l'irrigation dégénèrent et se détériorent.

Si l'on examine comment l'on obtient de grands succès dans l'acte de la végétation, on reconnaîtra que cette végétation n'est jamais plus brillante que quand le sol ne manque simultanément ni de calorique, ni d'humidité.

Ces deux fluides combinés sont les agents les plus actifs de la végétation exubérante des plantes ligneuses et herbacées, mais il ne faut pas que l'un de ces fluides domine à l'exclusion de l'autre, car il en résulterait la perte inévitable des graines ensemencées et des végétaux ainsi traités.

S'il y a trop d'eau dans le sol, le calorique ne peut y pénétrer en temps utile; s'il y a trop de calorique, les plantes sont brûlées et le graines éteintes.

Mais quand le terrain est *drainé*, l'irrigation ne peut avoir d'inconvénient, *si toutefois l'on attend pour mettre l'eau, que le sol possède quelques degrés d'élévation de température au-dessus de zéro ;* c'est assez dire que l'on doit s'arrêter si le sol, pendant des printemps tardifs, se refroidissait trop.

Nous le disons avec conviction, l'irrigateur intelligent peut toujours, en employant en temps opportun le concours alternatif ou simultané de l'un et de l'autre de ces deux fluides, obtenir sur un sol drainé, pour ainsi dire *à volonté*, un succès infaillible.

Les années humides, si funestes sur les terrains bas non drainés, ne font éprouver au terrain drainé aucuns inconvénients, au contraire, comme nous l'avons observé, la quantité d'eau introduite augmentée, augmente aussi le dépôt de l'oxygène dans le sol.

L'irrigation sur le terrain ondulé artificiellement ne laisse pas que d'avoir de graves inconvénients.

Pour obtenir ces ondulations on dispose le sol en levées, planches ou sillons réguliers, d'environ vingt mètres de largeur; sur le sommet de ces levées et aux points les plus bas on ouvre des rigoles longitudinales pour irriguer, au moyen des premières, et pour retirer les eaux d'irrigation au moyen des secondes.

Le premier inconvénient consiste dans la dépense considérable que nécessite le mouvement des terres et du gazon pour rendre le terrain régulièrement onduleux.

Le second inconvénient, d'avoir en permanence des rigoles ouvertes sur la crête et au bas des planches; la superficie de ces rigoles est un terrain perdu, les rigoles ayant trente centimètres d'ouverture peuvent s'évaluer à trois ares par hectare.

Le troisième inconvénient vient de ce que les herbes du sommet des levées ou planches ne sont jamais de même qualité ni de quantité égale à celles croissant près les rigoles inférieures, l'eau d'irrigation ne pouvant séjourner un temps égal dans ces positions d'horizontalité différente.

Le quatrième inconvénient consiste à ne pouvoir drainer un terrain ainsi ondulé. Il faut au moins cinq centimètres par mètre courant de pente sur les versants de l'ondulation ou cinquante centimètres d'élévation totale au sommet des levées, planches ou sillons; on comprend qu'en drainant à un mètre de pronfondeur, les tuyaux de drainage ne seraient recouverts que de quarante centimètres de terre sous les rigoles inférieures, cette épaisseur de terrain de recouvrement est insuffisante pour la solidité du drainage et pour le soutirage suffisant des eaux.

Le mode d'irrigation sur des versants réguliers de grandes portées est donc préférable.

La dépense, dans ce dernier cas, ne consiste qu'en un simple colmatage ou terrement, il n'est pas besoin de rigoles permanentes; des levées de gazon, que l'on replace immédiatement après l'abreuvement des terres, suffisent, il n'y a donc pas de terrain de perdu, les produits sont toujours d'une qualité et d'une quantité plus uniforme, en raison de la régularité de l'irrigation, et l'on peut pratiquer le drainage toutes choses égales d'ailleurs.

CHAPITRE V.

CAUSES DE QUELQUES-UNES DES MALADIES DES VÉGÉTAUX ET DES ANIMAUX HERBIVORES.

L'état de santé chez les individus des deux règnes organiques est dû à l'équilibre convenable de toutes les forces physiques qui agissent ensemble dans la sphère de leurs propriétés diverses.

Pour amener une grande altération dans la vitalité et produire une maladie, il suffit d'un faible changement dans la proportion des éléments nécessaires à l'entretien de l'existence ou d'une trop grande production de l'un d'eux, coïncidant avec plus ou moins de calorique d'humidité, d'électricité, etc., etc.

Considérés comme quantité, la somme de calorique, d'air et d'eau, primitivement attribués à l'espace circonscrit par les limites de l'atmosphère, ne peut varier d'importance avec le temps, quoique l'emploi que la nature fait de ces éléments pour entretenir le mouvement continuel de la vie dans les deux règnes organiques semble devoir modifier l'importance de cette quantité.

Généralement parlant, l'équilibre parfait ne peut exister un seul instant, car, l'équilibre en toute chose serait le repos absolu, et le repos absolu étant l'absence de tout mouvement, serait l'inertie générale, la mort !

Les bases constitutives et réciproquement répulsives de ces trois éléments principaux, le calorique, l'air et l'eau, leur font, de leur contact obligé, une loi impérieuse d'agitation ; de là le mouvement qui caractérise la vie dans les deux règnes organiques.

Ainsi le calorique, divisé par suite de cette agitation d'une manière plus ou moins inégale, constitue les variétés de la température.

L'air, réduit par le froid à l'état de compressibilité ou de densité, ou par le calorique à l'état d'expansibilité ou de raréfaction dont il est susceptible, produit dans l'atmosphère, quelquefois l'apparence du calme, d'autres fois, il tourmente la nature par son déplacement désordonné, de là les divers degrés de force des vents, des tempêtes, des ouragans que provoque ce déplacement plus ou moins brusque, résultant toujours de la dilatation ou de la condensation locale, subites, tantôt sur un point, tantôt sur un autre, émanant toujours de la puissance plus ou moins active du calorique.

L'eau, qui manifeste si vivement sa présence au contact des autres éléments, reçoit d'eux des modifications de formes qui semblent, dans certains cas, la multiplier à l'infini ou la faire disparaître par la vaporisation; mais, qu'elle soit employée à saturer l'air d'humidité, à entretenir l'existence dans les deux règnes organiques sous la forme de vapeurs ou de gaz vivifiants, ou à l'alimentation de ces deux règnes sous la forme liquide, il demeure bien compris, qu'en définitive, il ne se fait aucune déperdition des molécules de cet élément; elles se retrouvent toujours, comme à un rendez-vous obligé, réunies aux masses liquides, après avoir rempli leurs fonctions momentanées.

La vapeur de l'eau, conduite sur un point de l'espace où l'air se trouve assez froid, se condense et se liquéfie, pour reprendre de nouveau la forme de vapeurs quand l'élévation de la température aura lieu dans la région ou dans le milieu où cette eau se trouvera placée.

Ces alternatives continuelles de densité et de vaporisation étant le propre de cet élément, remplissent par cela même un grand rôle dans la nature; c'est donc en conséquence de ce rôle multiple que l'agriculteur doit étudier les moyens d'user de ce précieux élément à propos et dans des conditions rationnelles, car l'eau peut devenir, selon la forme de son emploi, la cause unique de grands biens et de grands maux; son emploi bien entendu modifie considérablement l'influence des autres agents météorologiques.

Pour ne nous occuper de l'action de l'eau qu'en ce qui concerne l'agriculture, et pour rendre plus sensible le grand rôle que cet élément remplit dans le succès ou l'insuccès de la végétation, nous allons décrire le plus brièvement possible le parcours qu'elle fait et les fonctions qu'elle remplit annuellement dans l'intérieur de la plante ligneuse.

Dès que les feuilles des plantes ont atteint leur caducité, ces plantes cessent de recueillir dans l'atmosphère l'aliment dont cet organe les approvisionnait; ne pouvant se passer un instant de nourriture, l'espèce d'appétence qui résulte de cette privation les contraint de mettre immédiatement en fonctions leurs racines, *qui sommeillaient pour ainsi dire*, pour obtenir du sol ce que leurs feuilles leur refusent. Ce *quasi-sommeil des racines*, pendant tout le temps que les feuilles fonctionnent, offre au cultivateur la matière de spéculations intéressantes. Toutes les fois que ce cultivateur chargera ses terres de plantations ou d'ensemencements de plantes, telles que la betterave, le sainfoin, le trèfle, etc., qu'il récoltera en vert, c'est-à-dire avant la caducité des feuilles, la terre ainsi cultivée n'éprouvera pas d'amaigrissement; au contraire, ces récoltes, faites pendant que les plantes sont garnies de leurs feuilles, laissent à la coupe ou à l'arrachage quelques racines au sol; elles l'ont d'ailleurs ameubli en lui communiquant de l'oxygène, auquel elles ont servi de conducteur; elles préparent ainsi un bon compost pour les céréales, les plantes oléagineuses et autres.

Il n'en est pas de même à la suite des récoltes des plantes qui mûrissent leurs graines sur pied, telles que les céréales, les plantes oléifères; les feuilles cessant de fonctionner au moment de la fécondation des graines, la plante ne tirant plus sa sustentation que par l'intermédiaire des racines, tous les engrais gisant dans le sol se trouvent ainsi absorbés, et la terre doit l'année suivante rester à l'état de repos, ou recevoir un changement de ces arrosements.

Revenons donc au parcours des eaux dans la plante et aux fonctions qu'elles y remplissent.

Dès que les eaux de pluies de l'arrière-saison arrivent dans la région des racines, ces eaux, saturées de la combinaison régulière des divers éléments qui composent la sève, sont introduites dans les spongioles de l'extrémité radicellaire de ces racines par l'impulsion de la force vitale du végétal, *la vie!* Elles commencent leur marche ascendante par le canal médullaire et par un autre mouvement simultané progressif de rayonnement horizontal, dans les utricules des couches ligneuses; en continuant ainsi, elles arrivent au printemps jusqu'à l'appareil cortical et jusqu'aux embryons des bourgeons; en développant ces bourgeons, la sève provoque la naissance des feuilles; dès qu'elles commencent à se développer, le gaz oxygène de l'air s'introduit par la face inférieure des feuilles, s'unit par l'intermédiaire des prolongements du liber et du canal médullaire aux matières carbonées venues du sol, issues des engrais et des substances minérales hydratées, forment, en se combinant du gaz acide carbonique, les résidus de ce gaz acide carbonique décomposé, et ceux du gaz oxygène sont, sous l'influence de la lumière, reversés dans l'atmosphère par l'exhalation de la face supérieure des feuilles.

La sève, après ces modifications, a modifié sa consistance, elle est devenue moins liquide, elle a acquis le caractère d'un nouveau fluide, c'est le *cambium*.

Le cambium passe des cellules de la feuille dans les nervures du même organe, parvient à la base du pétiole, s'unit par affinité avec les parties de la sève ascendantes qu'il retrouve parvenues préalablement dans les utricules des couches concentriques, et prépare ainsi les rudiments d'une nouvelle couche d'aubier.

Ces rudiments d'aubier se propagent d'abord par la formation d'une pousse annuelle de plus, et se superposent circulairement en descendant jusqu'au collet de la plante ; à partir de là, la forme de juxtaposition circulaire convertit son sommet conique, de supérieur qu'il était, en direction inverse ou inférieure jusqu'aux spongioles terminales des racines, ajoutant ainsi la longueur d'une pousse annuelle et une couche radicellaire de plus.

Aussitôt que le cambium est arrivé aux spongioles des racines qu'il a revivifiées, ces parties organiques s'empressent de mettre en action l'accroissement de force qu'elles viennent de recevoir : c'est donc alors dès l'automne qu'elles aspirent abondamment les eaux de pluies ou d'irrigation parvenues jusqu'à elles ; ainsi s'opère, sur un nouveau module, le mouvement ascendant et annuel de la sève.

Les plantes herbacées, en suivant un mode de nutrition analogue, mais plus simple, recueillent au profit de leur existence et de leur accroissement les mêmes eaux favorables ou nuisibles qui sont présentées à leurs racines ; de là aussi le succès ou les maladies dont elles sont susceptibles.

Ainsi donc se résument les fonctions génératives que remplit l'eau dans le grand acte de la végétation des plantes ligneuses et herbacées.

En agriculture moderne, on met avec beaucoup de raison au nombre des perfectionnements, l'approfondissement des labours et des plantations ; mais comme chaque médaille, chaque innovation imparfaitement élaborée a son revers, ce nouveau mode de culture, tel qu'on l'a pratiqué, comporte en lui-même le sien.

Il est regrettable que l'on n'ait pas songé à faire marcher de pair les deux côtés de la médaille, c'est-à-dire, que l'on n'ait pas simultanément mis en pratique le drainage perfectionné comme antidote corélatif du labour et des plantations également plus profondes.

On a employé les engrais plus nouvellement faits et par conséquent moins décomposés et moins consommés; on a bien compris que la décomposition fermentescible des fumiers qui possèdent encore tous leurs sels alcalins et ammoniacaux, fixes et solubles, serait plus avantageuse pour les progrès des végétaux, ayant lieu dans le terrain même que dans les fumières.

En labourant plus profondément, on a mis sur la scène de production les couches sous-jacentes au terrain végétal cultivé, décorées du titre de terres neuves ; on n'a pas réfléchi qu'on trouverait dans les nouvelles couches du terrain, jusque là inexplorées, des substances minérales et métalloïdes renfermées à cette profondeur et restées jusque là inoffensives; on n'a pas pensé à provoquer par le drainage l'évacuation souterraine des eaux qui stagnent au milieu de ces substances minérales, végétales et animales, les dissolvent, les décomposent et se corrompent avec elles, puis se présentent à la nutrition des plantes ainsi corrompues et chargées outre mesure des parties les plus denses des engrais et d'oxydes minéraux hydratés.

La maladie des pommiers, de la vigne, de la betterave, de la pomme de terre, des plantes oléagineuses, etc , cultivés sur des labours plus profonds ou plantés plus profondément, n'ont pas eu de causes plus majeures que celles-ci.

Effectivement, si la combinaison chimique de la sève ascendante est irrégulière, s'il s'introduit avec l'eau séveuse par la succion des racines toujours prêtes à aspirer sans discernement tous les liquides qui se présentent, des eaux sulfureuses ou saturées en excès de sulfate de fer hydraté ayant préalablement corrompu ces eaux dans le sol, les organes sécréteurs de la végétation impropres à l'élaboration de cet aliment trop intense, inassimilable, malfaisant et délétère, ces organes sécréteurs, disons-nous, refusent de fonctionner.

Il s'ensuit d'abord pour la feuille en travail de développement une diminution considérable de forces dans les fonctions vitales, une espèce d'inanition causée par le refus de concours des autres organes sécréteurs, le développement de la feuille étant arrêté, les vaisseaux de son tissu s'oblitèrent, la sève imperfectible achève de se corrompre par la présence de l'acide carbonique non exhalé; cette sève constitue un cambium vicié dont les molécules les plus déliées s'inoculent pendant sa marche descendante dans toutes les parties de la plante, corrompt et noircit comme lui les parties liqueuses et corticales, les molécules les plus matérielles de ce cambium corrompu se coagulent par masses, suintent par les fendillements de l'écorce ou s'amassent çà et là entre l'écorce et l'aubier, sous la forme de matière visqueuse et gluante de couleur brun-foncé, exhalant une odeur fétide.

Si l'on tient compte de la similitude des rapports qui existent entre les conditions vitales de l'animalité et celles de la végétation, on comprendra facilement ce qui suit.

Quant aux végétaux, l'analyse chimique du bois pris dans son état le plus parfait, accuse la présence du fer et des produits de la décomposition animale et végétale des engrais; donc une petite quantité de ces substances assimilables par les organes nutritifs de la plante lui est nécessaire.

Mais l'introduction dans l'économie vitale des plantes par l'intermédiaire de la sève ascendante d'une dose excessive de ces substances décomposées, trop denses pour les forces assimilatives des végétaux, empêche la sécrétion de s'accomplir; le marasme s'ensuit, puis la maladie et la mort.

Chez l'homme, l'abus du vin, sa plus salutaire boisson; de l'alcool, substance indispensable comme stimulant, préservatif et curatif médical; des viandes, comme comestibles les plus succulents; toutes matières nécessaires à l'alimentation de l'homme, lesquelles, prises à des doses modérées et en rapport avec ses forces digestives et ses facultés assimilatives, constituent pour lui l'hygiène la plus parfaite; mais l'abus de l'un de ces aliments conduit l'homme à la maladie, au marasme, à la mort prématurée; comme l'excès des éléments indispensables aux progrès de la végétation, conduit les végétaux, par la même route, à la même fin.

La constitution physique et les moyens physiologiques des individus du règne végétal et du règne animal sont tels, que ces individus ne peuvent user des meilleures choses du monde avec excès sans encourir immédiatement les funestes conséquences dont nous venons de parler.

La nutrition de la plante par des eaux corrompues dans le sol suffit à elle seule pour amener ces fâcheux effets; mais en outre de cela, et pour combler la mesure de la fatalité, il a surgi de la même origine une seconde cause, laquelle, seule aussi, suffirait pour amener les mêmes résultats.

Cette seconde cause ignorée on inobservée au début de la maladie des plantes et contre laquelle on doit non moins vivement combattre, est l'évaporation des eaux de pluies ou d'irrigation, corrompues dans un terrain non drainé.

L'eau, une fois introduite et stagnante dans le sol, ne devrait jamais, sous la forme de vapeurs ou de brouillards, revenir à la surface cultivée; car elle n'y revient jamais que corrompue et malfaisante.

A défaut d'écoulement souterrain par le drainage, voici ce qui arrive: Aussitôt l'élévation de la température produite par les premières chaleurs du printemps, dans la partie du sol supérieure à la couche imperméable du terrain où stagnent pendant l'hiver les eaux corrompues, le phénomène de la vaporisation se produit, c'est-à-dire que les eaux assez échauffées par le soleil se convertissent en vapeurs, remontent à la surface sous la forme de brouillards forment pendant les nuits froides d'avril et de mai les gelées blanches, si funestes aux vignes et aux fleurs en général.

Ces vapeurs ou brouillards participent nécessairement aux qualités délétères des eaux corrompues dans le sol, puisqu'elles en sont une émanation directe; ainsi, ils sont chargés des exhalaisons et des fluides les plus mucilagineux et les plus gluants des engrais. Ces fluides, joints aux molécules les plus tenues des substances métalloïdes, se donnent jour à la surface en parcourant les porosités ou les interstices du terrain; le contact des racines et des molécules du sol qui ont servi de conducteurs aux vapeurs, a provoqué chez elles un commenceement de condensation qui occasionnent pendant la nuit un faible abaissement de température à la surface;

partie du produit de cette quasi-condensation s'attache sous la forme de gouttelettes imperceptibles à la tige, aux feuilles et aux fruits, et le reste s'élève jusque sur les collines.

L'affinité que ce nouveau produit de la vaporisation possède originellement avec la nature similaire de la sève ascendante de même origine qui a pris les devants par l'intérieur de la plante et qu'il rencontre au moyen du courant d'aspiration et d'expiration poreuse entre les fonctions vitales de l'intérieur de la plante et l'air ambiant, lui facilite l'introduction de ses molécules les plus déliées; celles plus matérielles s'unissent et s'attachent à la pellicule extérieure, y composent une couche bien mince d'enduit mucilagineux et visqueux entourant tous les points de la plante et de ses appendices, surtout des feuilles; on reconnaît cette couche de mucosité, à la vue, par sa couleur glacée et luisante, et au toucher, par sa consistance gluante.

Les insectes parasites s'attachent aux plantes ainsi enduites de ce produit mucilagineux et y établissent leur domicile; leur importune présence, les blessures continuelles de leurs suçoirs, l'épuisement du cambium qu'ils occasionnent pour leur sustentation, aggravent considérablement le malaise de la plante.

Les spores cryptogamiques charriés par les vents et poussés sur les pellicules épidermiques des plantes revêtues de cet enduit muqueux et gluant s'y fixent aussi, ce fluide leur tenant lieu de placenta ils y éclosent et s'y propagent.

Les insectes et les cryptogames de toutes classes ne sont que des causes secondaires qui cependant jouent, comme effet, un grand rôle dans la maladie des plantes; les causes primordiales sont : l'état de maladie de la plante, état dans lequel elle exsude des sucs inélaborés, qui conviennent aux insectes, comme les maladies de l'animalité attire des vermines parasites d'une autre espèce.

Dans les pièces de labour, dont le sol est humide et froid, soumises à la culture des céréales, nous trouvons les céréales attaquées de maladies graves, entre autres le charbon, la nielle ou nuile, etc, qui n'ont pas d'autres causes que les conséquences que nous avons signalées, l'humidité d'un sol rétentif et l'absence du drainage.

L'ustilago carbo des botanistes est un champignon microscopique du genre des cryptogames, il détruit complètement les organes floraux de l'avoine, de l'orge et du froment, il attaque parfois la tige et les feuilles.

C'est surtout dans les champs situés près des rivières ou près des fonds humides que cette maladie cause le plus de ravages et cela parce que l'humidité, sous la forme de brouillards, est indispensable au développement des champignons.

Lorsque les épis des froments charbonnés sortent de la gaîne, ils sont noirs comme s'ils avaient été exposés au feu ou plutôt comme s'ils étaient couverts de suie: ordinairement tous les grains d'un épi et tous les épis d'un même pied sont charbonnés. Cette dernière observation confirme l'idée que la maladie du charbon ne se développe pas seulement de la présence des brouillards, mais encore par l'humidité du sol.

En examinant au microscope la poussière noire du charbon, on voit qu'elle est entièrement composée de spores ou fruits du champignon arrondis ou ovoïdes; ils adhèrent à de longs filaments blancs minces, qui proviennent du mycellium du parasite.

L'avoine est plus fréquemment charbonnée que le froment. Lors de la maturité du parasite, les cloisons des cavités disparaissent et toute la masse se transforme en une poussière noire dont les vents s'emparent pour porter les sporules ailleurs, sur les plantes ou sur le sol, d'où elles retrouveront par le même moyen, l'année suivante, une nouvelle récolte de céréales disposée à les recevoir.

C'est la conséquence de la vaporisation du sol non drainé qui a facilité aux insectes du colza les attaques dont cet oléifère a été la victime expiatoire du tort de ne pas drainer.

Généralement, la vaporisation de l'eau corrompue émanant du sol est toujours un danger bien sérieux pour les plantes, car, en l'absence du produit mucilagineux de cette vaporisation, les sporules cryptogamiques ne pourraient s'attacher à aucunes des parties de ces plantes si elles restaient sèches: elles tomberaient par terre, où elles resteraient, comme autrefois, presqu'inoffensives.

Tel est à peu près l'historique naturel de toutes les classes de parasites. Ainsi donc, le drainage est ici, comme pour les autres maladies des végétaux, le meilleur spécifique contre le charbon des céréales.

Ce n'est pas d'aujourd'hui que les végétaux et leurs appendices sont sujets à des maladies : les causes primordiales existant déjà conduisaient à la mort lente quelques pieds de plantes, la rareté des accidents laissait autrefois passer inaperçus les cas peu fréquents de mortalité ; mais quand ces causes primordiales, secondées par les suites d'une alimentation exagérée, que le malaise des plantes a acquis un grand développement, que les insectes vermineux ont attaqué les plantes souffreteuses, que les cryptogames, tels que l'érinéum parasite des feuilles de la vigne, l'oïdium parasite de la grappe, le botrytis parasite de la pomme de terre, les sporules attaquant le pommier, la betterave, le colza, les céréales, lesquels cryptogames désignés botaniquement sous des noms différents, à cause d'une faible variété dans la forme ou dans la couleur, variété résultant, comme nous l'avons déjà dit, du caractère différent des sucs de l'alimentation que produisaient les parties différentes de la plante, la partie ligneuse ou herbacée, la feuille, les fruits, les tiges, le tubercule, les racines, les graines des végétaux attaqués ; quand les causes primordiales ont été soupçonnées, on a dû reconnaître des prodrômes, des symptômes, tous les caractères enfin d'une maladie générale.

L'oïdium et autres cryptogames ne sont pas de nouvelles espèces d'individus malfaisants ; il n'y a pas davantage de créations nouvelles dans les classes inférieures des êtres des deux règnes organiques que nous n'en constatons dans les classes supérieures ; seulement, dans les classes microscopiques, les recherches studieuses et la perfection des instruments d'optique font journellement découvrir des êtres jusque là inaperçus, ou de nouvelles modifications d'êtres déjà connus ; car, comme nous le faisons observer, les conditions de sustentation, l'influence du sol, du climat, du genre de culture, modifient nécessairement la forme et la structure des racines, des tiges, des rameaux, des feuilles, des fleurs, des fruits, soit par la couleur, l'odeur, la saveur, la présence, la réduction ou l'absence de certains appendices, enfin tous changements provenant du milieu dans lequel les plantes sont placées ; mais jamais aucunes conditions ne changent le fond naturel des choses, c'est-à-dire, que par aucune espèce de métempsycose matérielle, un sujet quelconque faisant partie des deux règnes organisés ne peut jamais changer son espèce organique interne.

C'est donc d'une espèce d'hybridation congénère ou d'une augmentation des forces vitales physiques qu'il s'agit.

C'est le cambium vicié ou la sève corrompue suintant par les pores expirants de la plante malade et par les fissures de son écorce et les produits de la vaporisation des eaux, également corrompues dans le sol, saturées de molécules mucilagineuses émanant des engrais abondants et infermentés, lesquels, par leurs consistances gluantes, ont fixé les sporules, et, par leurs qualités plus nutritives, ont facilité aux parasites un nouveau développement physique extraordinaire.

Ces parasites, auxquels cet aliment succulent était jusque-là resté inconnu, ont saisi avidement ce nouvel élément nutritif; ils se sont développés en raison de la nouvelle facilité d'existence qu'ils ont rencontrée; il se sont propagés en raison de la multiplicité des moyens nouveaux et de la dose de forces vitales que ces moyens leur ont fait acquérir; ils ont modifié progressivement leur forme en raison de la qualité intrinsèque de l'aliment, de sorte que, l'oïdium et autres parasites, quoique demeurés cryptogames, ne ressemblent plus absolument à leurs congénères non perfectionnés.

Le cryptogame ainsi perfectionné a donc pu s'implanter sur des feuilles et sur des fruits qui n'étaient pas encore enduits au degré exigé par son congénère imperfectionné, de la dose des produits mucilagineux de la vaporisation moderne, *en d'autres termes*, tel il a fallu à l'oïdum primitif tout l'attrait de la couche importante des produits mucilagineux improvisés dans les *serres chaudes*, pour le faire sortir de son ancienne nullité, telle suffit maintenant, et *en plein air*, à ce parasite fortifié, la rencontre des feuilles et des fruits de la vigne et autres végétaux encore à l'état normal ancien, pour s'y fixer ; c'est donc une fatalité que l'omission du drainage contemporain, des labours plus profonds et des engrais forcés; le drainage aurait dès lors empêché la production de l'aliment qui a fortifié et perfectionné les parasites, c'est donc, disons-nous, une conséquence fatale de voir actuellement ces mêmes parasites vermineux, assez robustes pour se fixer sur les végétaux encore sains et non souffreteux.

Il ne nous reste qu'à neutraliser les causes nées de cette imprévoyance.

En thèse générale, quand on a sous la main le *préservatif*, il est plus sage et plus simple de prévenir une maladie en détruisant la cause que de laisser nonchalemment se perpétuer cette cause, sauf à atténuer l'effet, comme on le fait à présent, par l'emploi des *curatifs*.

Il y a toujours moins de mérite à guerroyer contre les effets, qu'à chercher les moyens de détruire la cause; ici, cette cause prend son origine dans le sol, les effets se produisent à l'extérieur, et, comme conséquence synthétique, ils ne peuvent pas ne pas se produire.

Ces propositions nous autorisent à répéter qu'il vaudrait bien mieux détruire cette cause par la pratique en grand du drainage perfectionné, que de compter exclusivement sur les curatifs par le soufre ou autres anticryptogamiques.

Le drainage, ce spécifique par excellence contre les maladies des végétaux, ferait rentrer, en les affamant par la suppression de l'aliment forcé, les cryptogames et autres mucédinées, dans leurs formes chétives, grêles, faibles et inoffensives anciennes, d'où on n'aurait pas dû les faire sortir.

CHAPITRE VI.

CAUSES DE QUELQUES MALADIES DES ANIMAUX.

Lorsque les pluies ou les eaux d'irrigation sont versées sur les terrains des pâturages vantés de bonne qualité, qui paraissent aux yeux du vulgaire sains et semblent exclure le drainage, ces eaux, pas plus là qu'ailleurs, ne s'anéantissent; celles qui pénètrent dans ce terrain doivent, comme dans tous les autres terrains de différentes qualités, reparaître à la surface, soit sous la forme d'aliments absorbés par les plantes, soit sous la forme de vapeurs, de rosées ou de brouillards.

Les vapeurs émanant de ce bon sol, sont d'autant plus chargées d'exhalaisons et de miasmes que le terrain est gras; ce sont ces vapeurs produites par des eaux corrompues au milieu des débris végétaux et animaux de l'humus, que contient en grande quantité ce bon sol, qui occasionnent les maladies endémiques, lesquelles par leur fréquence et leurs caractères inconnus, sont souvent qualifiées d'épidémiques.

Elles sévissent cruellement sur les personnes habitant le rayon de leur influence, ainsi que sur les bestiaux mis au pâturage.

Que de maladies dont on ignore l'origine et qu'on ne peut pas toujours guérir, n'ont pour causes principales et quelquefois uniques que l'action morbifique et délétère de l'évaporation des eaux corrompues, *particulièrement dans les bons sols*, absorbées par les organes respiratoires des individus, sous la forme invisible de vapeurs ou de rosées et de brouillards.

Chez les animaux herbivores, le mode de station qui leur est propre, les assujétit à aspirer les effluves de l'intérieur immédiatement au sortir du sol, et lorsque ces effluves possèdent encore au plus haut degré leurs propriétés délétères encore indivisées par le contact de l'air.

Les maladies de pied, le fourchet, le piétin, la cachexie aqueuse ou pourriture des bêtes à laine, le charbon, le mal de bois, l'hémathurie ou pissements de sang, l'apoplexie ou coup de sang et autres accidents pathologiques provenant du sang et des humeurs, n'ont bien souvent pas d'autres origines.

Que d'espèces d'herbes plus aptes à recueillir du sol les principes vénéneux et dont l'animal fait sa nourriture sont toujours couvertes ou enduites du produit méphitique de la vaporisation ; ainsi introduites dans le tube digestif, elles prêtent leur concours aux effluves provenant du sol et hâtent en commun le développement des affections morbides.

Que de malaises permanents tiennent cet animal dans un état de langueur et de souffrance continuelles qu'il n'éprouverait pas sur le même sol habilement drainé, lesquelles souffrances, sans présenter tous les caractères apparents d'une maladie grave, l'empêchent pourtant de croître, d'augmenter, d'engraisser ou de donner des produits lactaires, selon les cas et la destination du sujet. Comme on le voit, le drainage éloigne les causes; partant de là, plus d'effets désastreux !

CHAPITRE VII.

DE L'AMÉLIORATION DU CLIMAT.

Les maux que fait éviter le drainage et les bienfaits qu'il procure sont l'un et l'autre inappréciables; c'est assez dire qu'en agriculture l'absence du drainage laisse prise à tant d'inconvénients que les grands propriétaires et les cultivateurs ne peuvent plus hésiter à adopter généralement ce précieux procédé agricole.

Dans le cas de drainage artériel perfectionné, habilement conçu et bien exécuté, le sol est parfaitement assaini dans le délai de trois ou quatre ans, quoique le bénéfice de ce travail se fasse sentir dès immédiatement après son exécution.

Les eaux de pluies et d'irrigation se mettent en mouvement immédiatement après leur arrivée; elles facilitent, en passant, la décomposition et l'assimilation des engrais déposés sur le sol ou à l'intérieur, et la dissolution des substances métalloïdes gisant dans ce sol; elles se dirigent par les porosités anciennes et nouvelles, traversent promptement le terrain productif et arrivent aux drains sans se corrompre, parce qu'elles n'ont pas séjourné assez longtemps au milieu des matières en décomposition; elles laissent dans le terrain drainé une partie de quatre-vingt neuf de leur poids sur cent, ou une partie de trente de leur volume sur cent d'oxygène, auquel elles servent de véhicule.

La pression atmosphérique, qui ne peut souffrir le vide introduit à la suite des eaux, l'air ambiant, lequel, à son tour, circule activement par les mêmes voies de la porosité, laisse aussi, par le frottement au bénéfice de la fertilité du sol, une autre partie de l'oxygène qu'il contient, soit une partie des vingt et un centièmes de son volume, ou des vingt-trois centièmes de son poids.

Comme on le comprend, ces deux éléments, l'air et l'eau, se dépouillent dans le mécanisme du drainage, au profit du terrain cultivé, des principes vivifiants et fertilisants qu'ils contiennent de leur nature et qu'ils entraînent avec eux.

Un autre bienfait, qui complète les avantages que l'on peut retirer du drainage, consiste dans la suppression complète de la vaporisation; aucunes vapeurs ou brouillards ne se produisent plus sur un terrain drainé fonctionnant bien, les brouillards et gelées blanches supprimées, les exhalaisons et les miasmes délétères qui accompagnaient la vaporisation n'ont pas le temps de se former et disparaissent pour toujours; les ingrédients qui leur servaient de base s'écoulent avec les eaux du drainage, de sorte que si l'on drainait une région assez étendue, on y verrait disparaître les causes des maladies endémiques et épidémiques que nous avons signalées.

Le soleil de nouvel an, au lieu d'employer les plus beaux mois de son rapprochement printanier à dessécher le sol humide par la vaporisation, trouverait ce sol prêt à recevoir le bienfait de ses rayons, les récoltes progresseraient immédiatement, seraient beaucoup plus précoces, meilleures et plus assurées.

Le climat, sous le rapport de la salubrité et de la production, s'améliorerait considérablement par le drainage exécuté en grand.

Si les terrains des grands bassins du Rhône, de la Saône, de la Loire et les versants de leurs affluents avaient été drainés depuis deux ou trois ans, quand les fontes subites des neiges, jointes aux grandes pluies du printemps de l'année 1856 sont arrivées, il est bien certain que les désastres causés par les inondations auraient été réduits à leur plus simple expression.

Se figure-t-on l'immense volume d'eau de pluie qui aurait été employé à l'imprégnation du sol drainé, sur un mètre d'épaisseur, d'une quantité de terrain dépassant plusieurs centaines de lieues carrées, rendu poreux par le drainage dans ces bassins et du retard qu'aurait éprouvé cette eau, pendant son infiltration, et sa retenue dans cette masse immense de sol imprégné, retard bien important, pendant lequel les eaux provenant de la fonte des neiges des montagnes aurait pu prendre les devants et s'écouler sans dommage important; les eaux de pluies ainsi retenues, arrivant après l'écoulement de celles-là, n'auraient occasionné que la prolongation d'un grossissement ordinaire de ces fleuves.

Ce serait le cas infaillible de convertir en un bienfait pour l'agriculture, cet élément bien conduit, qui devient, étant abandonné à lui-même, une calamité incommensurable.

De Boissey, ce 9 mars 1861.

TABLE DES MATIÈRES.

www.ingramcontent.com/pod-product-compliance
Ingram Content Group UK Ltd.
Pitfield, Milton Keynes, MK11 3LW, UK
UKHW021314190726
13839UKWH00007B/1592

9 782019 915254